河南省地方标准

病险水库除险加固项目后评价规程

Post-assessment Procedure for the Reinforcement
Project of Dangerous Reservoirs

DB41/T 1390—2017

主编单位:河南省水利厅
批准单位:河南省质量技术监督局
施行日期:2017-10-07

黄河水利出版社

2017 郑 州

前言

本标准按照 GB/T 1.1—2009 给出的规则起草。

本标准由河南省水利厅提出。

本标准起草单位：中科华水工程管理有限公司、水利部大坝安全管理中心、河海大学、河南省水利勘测设计研究有限公司、河南省水利厅。

本标准主要起草人：王国栋、马福恒、沈振中、韦强军、毛春梅、胡江、郝超。

本标准参加起草人：蔡玉靖、石世魁、冯林松、张湛、李子阳、潘海英、徐力群、甘磊、茹新宇、叶伟、张保中、吴鹏、张红峰、赵天生、焦延涛、郑元博、苏建伟、孙缔英、刘兰勤、张怀坤、韩准、严勇、张利宾、杨满、郭海燕、薛晓飞、李欣欣、钱晶晶、张培良、王利娟、黄俊超、许雅蕾、秦怡、韩霄、朱歧春、王岩涛、李铁刚、王立、刘岩、刘征西、王小茹、陈娟娟。

目 次

1 范 围 1
2 规范性引用文件 1
3 术语和定义 1
4 资料收集及现状调查 1
5 过程评价 2
6 经济效益评价 3
7 社会与环境效益评价 4
8 项目可持续性评价 4
9 综合评价 5
10 评价建议与对策 6
附录 A（规范性附录） 后评价技术资料收集 7
附录 B（规范性附录） 综合评价指标及方法 9
附录 C（规范性附录） 后评价报告编制要求 17

1 范围

本标准规定了病险水库除险加固项目后评价的术语和定义、资料收集及现状调查、过程评价、经济效益评价、社会与环境效益评价、项目可持续性评价、综合评价、评价建议与对策、报告编制要求等。

本标准适用于政府投资、政府补助投资的大、中型水库除险加固项目的后评价,其他资金来源或小型水库除险加固项目可参照执行。

2 规范性引用文件

下列文件对于本文件的应用是必不可少的。凡是注日期的引用文件,仅注日期的版本适用于本文件。凡是不注日期的引用文件,其最新版本(包括所有的修改单)适用于本文件。

SL 72 水利建设项目经济评价规范
SL 258 水库大坝安全评价导则
SL 489 水利建设项目后评价报告编制规程
SL 670 水利水电建设工程验收技术鉴定导则

3 术语和定义

下列术语和定义适用于本文件。

3.1 除险加固 rehabilitation

对影响水库安全的重大工程缺陷和隐患进行修补和加固治理,维持水库继续安全运行的工程和非工程措施。

3.2 项目后评价 project post evaluation

项目竣工验收后所进行的评价,通过对病险水库加固过程、经济效益、社会环境影响与水土保持、目标与可持续性等的综合评价,与项目决策时确定的目标进行对比,总结经验和教训,提出对策及建议。

3.3 康复程度 rehabilitation degree

除险加固后水库的功能及运行管理等指标的恢复程度,一般与设计和相关文件比较。

4 资料收集及现状调查

4.1 一般规定

4.1.1 收集的技术资料应真实、完整,满足项目后评价的要求。
4.1.2 现状调查重点检查除险加固的主要内容,对检查中发现的问题、隐患或疑点,应初步分析其对除险加固目标的影响。

4.2 资料收集

4.2.1 收集的资料主要包括除险加固资料、建设管理单位自评价、初期运行资料等与除险加固项目相关的各项文件。

4.2.2 除险加固资料包括主要依据和初步设计、批复文件、建设过程等资料,各项所需资料的内容和要求见附录A。

4.2.3 建设管理单位应按项目评价要求,在项目层次上对项目实施进行总结,编写自评价总结报告,包括自我检查、对比分析等,应查找原因、提出建议。建设管理单位自评价报告的内容和要求见附录A。

4.2.4 初期运行资料应包括工程运用技术文件和运行记录、工程安全监测数据整编和分析资料、重大工程事故处理资料,见附录A。

4.3 现状调查

4.3.1 现状调查应采取专家调查、座谈和现场查勘等方式。

4.3.2 现状调查的主要内容包括工程质量、运行状况、运行维护费用、项目财务状况、社会经济效益和生态环境影响等。

4.3.3 根据项目批复的除险加固内容,结合初步设计,实地查勘除险加固所涉及的建筑物、金属结构和机电设备、管理设施的运行状态等。

4.3.4 通过查阅资料、听取汇报和座谈等,了解项目实施的具体细节。

5 过程评价

5.1 一般规定

过程评价包括对项目的前期决策、项目实施、项目验收、初期运行等过程的分析和评价,总结各阶段存在的问题并提出建议。

5.2 前期决策评价

5.2.1 前期决策评价主要包括水库安全鉴定评价、除险加固初步设计评价、项目批复评价等,见附录B 图 B.1、图 B.2 的 B_1。

5.2.2 水库安全鉴定评价根据大坝安全评价报告、鉴定报告书及核查意见,分析总结大坝加固前存在的主要病险问题及其原因,并评价其合理性。

5.2.3 除险加固初步设计评价主要对加固设计内容与大坝安全鉴定确定的病险问题的一致性、除险加固设计的针对性、加固设计方案的合理性等进行评价。

5.2.4 项目批复评价主要包括批复内容与初步设计的一致性、工程投资的合理性。

5.3 项目实施评价

5.3.1 项目实施评价主要包括除险加固方案评价、工程施工和验收评价。

5.3.2 除险加固方案评价包括工程投资的构成合理性和利用充分性,加固技术的适用性、先进性与可靠性,施工安全及工艺,施工工期的合理性等,见附录 B 图 B.1、图 B.2 的 B_1。

5.3.3 除险加固工程施工评价应按 SL 489 规定的内容对项目实施过程中的施工组织、施工管理与施工质量等方面进行评价,见附录 B 图 B.1、图 B.2 的 B_3。

5.3.4 验收评价主要对项目法人验收、阶段验收、专项验收、竣工验收等工作程序、验收结论及有关遗留问题处理情况进行评价。

5.4 初期运行评价

初期运行评价是对工程开始使用至后评价期间的运行状况、安全管理、功能发挥等方面的评价,并对发现的问题提出改进措施和建议。

6 经济效益评价

6.1 一般规定

6.1.1 除险加固项目的经济效益评价是以项目竣工投产后实际取得的经济效益为基础,计算项目计算期内主要经济评价指标,并与前期决策指标进行比较。

6.1.2 经济效益评价包括除险加固项目费用计算、经济效益分析及国民经济评价三个方面,见附录 B 图 B.1、图 B.2 的 B_5。

6.2 项目费用计算

6.2.1 除险加固项目费用包括项目的除险加固投资、新增的流动资金、新增的年运行费用。

6.2.2 除险加固投资以影子价格调整计算,包括所有由国家、企业和个人以各种方式投入的全部加固建设费用。

6.2.3 新增的流动资金是根据加固后与加固前新增的维持工程正常运行所需购买燃料、材料、备品、备件和支付职工工资等的周转资金。

6.2.4 新增的年运行费用是根据加固后与加固前新增的工程正常运行每年所需支付的全部运行费用。

6.3 经济效益分析

6.3.1 根据设计标准分析除险加固后水库防洪、发电、灌溉、供水、养殖、旅游等各项功能参数改进情况,未达到设计标准的分析其原因。

6.3.2 计算除险加固后的防洪、发电、灌溉、供水、养殖、旅游等效益,并与除险加固前进行比较,分析除险加固后的各项新增效益。

6.3.3 计算分析除险加固后水库的间接经济效益,包括除险加固后减少的防汛、检查观测、维修养护费用等。

6.4 国民经济评价

根据计算的费用和效益,编制除险加固项目国民经济评价费用效益流量表(见表 1),按 SL 72 计算经济评价指标,并与初步设计进行比较和分析。

表1 除险加固项目国民经济评价费用效益流量表

序号	项目	计算期(年份)					
		加固期			运行期		
		1	2	…	…	n-1	n
1	效益流量						
1.1	项目各项功能的新增效益						
1.1.1	×××						
1.1.2	×××						
1.1.3	×××						
1.2	回收固定资产余值						
1.3	回收流动资金						
1.4	项目间接效益						
1.5	项目负效益						
2	费用流量						
2.1	除险加固投资						
2.2	新增流动资金						
2.3	新增年运行费用						
2.4	项目间接费用						
3	净效益流量						
4	累计净效益流量						
评价指标:经济收益率 　　　　经济净现值 　　　　经济效益费用比							

注:项目各项功能的新增效益应根据该项目的实际功能计列;项目负效益应视项目的实际情况计算,用负值表示。

7 社会与环境效益评价

7.1 除险加固项目的社会与环境效益评价见附录B图B.1、图B.2的B_5。

7.2 社会效益评价主要从自然灾害防治、社会稳定等方面进行分析。

7.3 环境效益评价主要从水质改善、水土保持等措施及效果等方面进行评价。

8 项目可持续性评价

8.1 一般规定

8.1.1 可持续性评价应包括工程功能康复评价及运行管理评价。

8.1.2 功能康复评价包括防洪能力、渗流、结构、抗震、金属结构等方面，见附录 B 图 B.1、图 B.2 的 B_2。
8.1.3 运行管理评价包括管理体制、安全监测、维修养护等方面，见附录 B 图 B.1、图 B.2 的 B_4。

8.2 功能康复评价

8.2.1 功能康复评价应按 SL 258 进行。
8.2.2 防洪能力康复程度评价应包括防洪高程、泄流能力和防洪标准等方面。
8.2.3 土石坝渗流安全康复程度评价应包括防渗体渗透性、出逸坡降、最大渗透坡降、渗透流量、反滤排水设施布置等方面；混凝土坝渗流安全康复程度评价应包括混凝土抗渗等级、排水设施有效性、防渗帷幕效果、渗流析出物、渗漏量等方面。
8.2.4 结构安全康复程度评价应包括结构强度、变形、稳定、裂缝性状、耐久性等方面。
8.2.5 抗震安全康复程度评价应包括结构抗震强度、抗震变形、抗震稳定、抗液化能力等方面。
8.2.6 金属结构安全康复程度评价应包括金属结构强度、金属结构变形、金属结构运行质量、电气设备保障等方面。

8.3 运行管理评价

8.3.1 运行管理评价应按 SL 258 及相关标准进行。
8.3.2 管理体制评价应包括管理机构及人员、管理制度等方面。
8.3.3 安全监测评价应包括监测项目完备性、观测规范性、数据可靠性、资料整编完整性等方面。
8.3.4 维修养护评价应包括经费保障、方案编制与落实等方面。

9 综合评价

9.1 一般规定

除险加固效果综合评价应根据水库工程及除险加固实际情况筛选指标，建立综合评价指标体系，在过程评价、经济效益评价、社会与环境效益评价、项目可持续性评价的基础上，采用综合评价方法，得出评价等级及结论。

9.2 综合评价指标

9.2.1 应从除险加固方案、功能康复程度、工程施工、运行管理以及除险加固效益五个方面，建立除险加固效果综合评价指标体系，见附录 B。
9.2.2 应根据水库工程及除险加固实际情况，采用资料分析、现场查勘、试验分析、数值模拟等方法确定各级指标。

9.3 评价方法

9.3.1 除险加固效果分项评价方法应按相关规范进行。
9.3.2 在分项指标评价的基础上，宜采用层次分析法进行除险加固效果综合评价，据此判断除险加固是否成功。指标权重确定方法见附录 B。

9.4 综合评价等级

9.4.1 除险加固效果等级划分为完全成功、基本成功、部分成功、不成功和失败五个评价等级,见附录 B。

9.4.2 根据除险加固效果综合评价值确定评价等级。

9.4.3 若防洪能力、结构安全或渗流安全康复程度指标的评价值小于 0.7,则应认定除险加固效果等级为不成功或失败。

10 评价建议与对策

10.1 按照决策和管理部门所关心问题的重要程度,主要从前期决策、实施过程、功能康复、效益、可持续性等方面总结经验。

10.2 应针对除险加固项目存在的主要问题提出建议,包括对国家、行业及地方政府的宏观建议,以及对项目法人、加固项目的微观建议。

附 录 A
（规范性附录）
后评价技术资料收集

A.1 除险加固资料收集

A.1.1 除险加固项目的主要依据和批复文件,包括流域或区域的相关规划、安全鉴定报告、三类坝核查意见、批准的项目立项、投资计划等文件资料。
A.1.2 除险加固项目工程设计资料应包括工程地质勘察资料、原设计资料、项目初步设计及审查报告、施工图设计和其他相关批复文件资料。
A.1.3 除险加固工程建设资料应包括下列主要内容：
    a) 工程施工技术总结；
    b) 工程检测、监理和质量监督资料；
    c) 工程安全监测设施的安装埋设与监测资料；
    d) 工程质量事故和处理资料；
    e) 工程项目法人验收、阶段验收、专项验收、竣工验收及竣工验收鉴定书等资料。

A.2 建设管理单位自评价报告

A.2.1 建设管理单位自评价报告内容
建设管理单位自评价报告内容应包括项目概况、项目实施过程总结、项目效果评价、项目可持续性评价、项目建设存在的主要问题、经验与教训和相关建议。

A.2.2 项目概况
项目概况包括项目目标、建设内容、设计概算、审批情况、资金来源及其到位情况、实施进度、批准概算及执行情况等。

A.2.3 项目实施过程总结

A.2.3.1 项目实施过程总结包括前期决策、建设实施、初期运行等。
A.2.3.2 前期决策总结主要简述工程任务与规模、工程总体布置方案、主要建筑结构型式、投资等技术指标及工程安全鉴定情况。
A.2.3.3 建设实施情况总结主要简述施工准备、项目招标、合同管理、工期控制、工程验收、资金筹措、工程质量缺陷备案、工程质量事故处理、工程遗留问题、工程移交手续等;涉及重大变更的应简述变更的理由、上级审批情况、实施情况等。
A.2.3.4 初期运行情况总结主要简述工程运行管理体制、工程管理范围、保护范围、生产生活设施等能否满足有关技术规定和工程安全运行的需要。简述工程运行、维修养护及安全监测等方面的情况。

A.2.4 项目效果评价

A.2.4.1 项目效果评价主要包括技术水平、财务及经济效益、社会效益、环境效益等。
A.2.4.2 技术水平评价主要包括设计水平、新材料和新工艺使用、施工技术等方面。
A.2.4.3 财务及经济效益评价主要从工程投入运行后的运行成本费用、经济效益与项目实施前相比进行评价。
A.2.4.4 社会效益和环境效益等方面的评价参照第 7 章相关内容进行评价。

A.2.5 项目可持续性评价

A.2.5.1 项目可持续性评价主要分析项目目标的确定、实现过程,工程康复程度,以及与原定目标的偏离程度,并综合分析其原因。

A.2.5.2 评价相关政策、法律法规、社会经济发展、生态环境保护要求等外部条件对项目可持续性的影响。

A.2.5.3 评价组织机构建设、人员素质及技术水平、内部管理制度建设及执行情况、财务能力等内部条件对项目可持续性的影响。

A.2.5.4 根据内外部条件对项目可持续性发展的影响，提出项目可持续性发展的评价结论，并根据需要提出应采取的措施。

A.2.6 简述项目建设全过程存在的主要问题、经验与教训，并提出相关建议。

A.3 初期运行资料收集

A.3.1 初期运行资料包括管理体制、安全监测和维修养护等方面资料。

A.3.2 管理体制包括组织机构、人员配置、规章制度以及调度规程、应急预案等。

A.3.3 安全监测包括安全监测考证资料、监测和巡视资料、整编和分析报告等。

A.3.4 维修养护包括维修养护方案、经费来源、维修养护实施方式、实施单位、效果评价机制等。

附 录 B
（规范性附录）
综合评价指标及方法

B.1 综合评价指标体系

B.1.1 应根据水库大坝的不同类型及自身特点，对综合评价指标进行筛选，确保评价结果的客观性。

B.1.2 土石坝和混凝土坝除险加固效果综合评价指标体系见图 B.1、图 B.2。

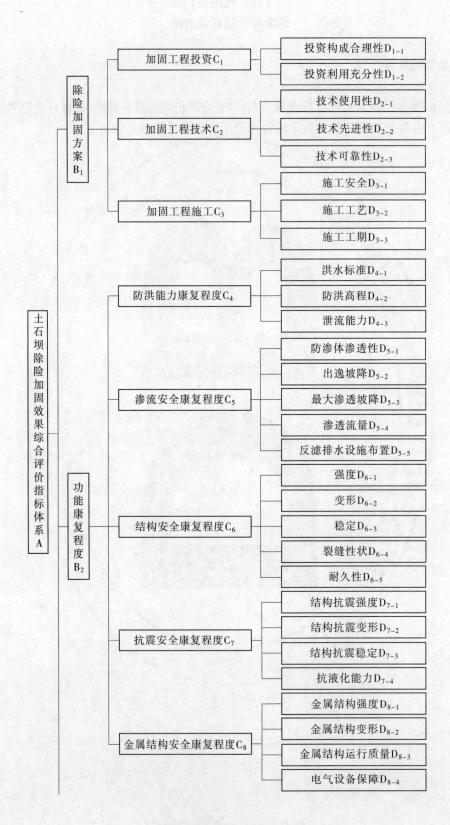

图 B.1 土石坝除险加固效果综合评价指标体系

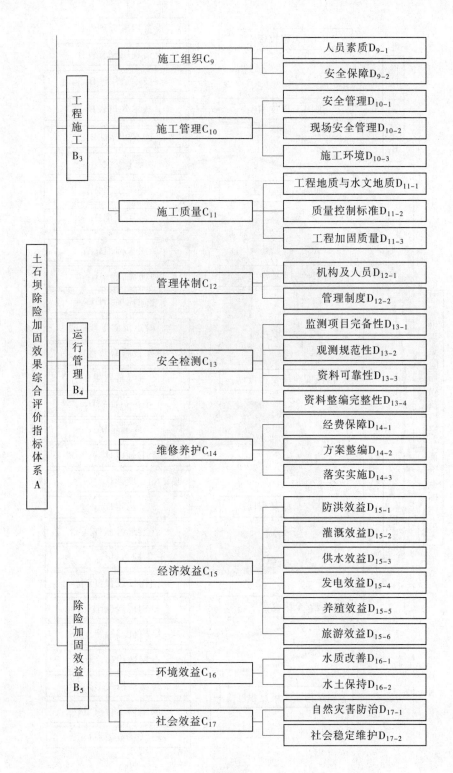

续图 B.1

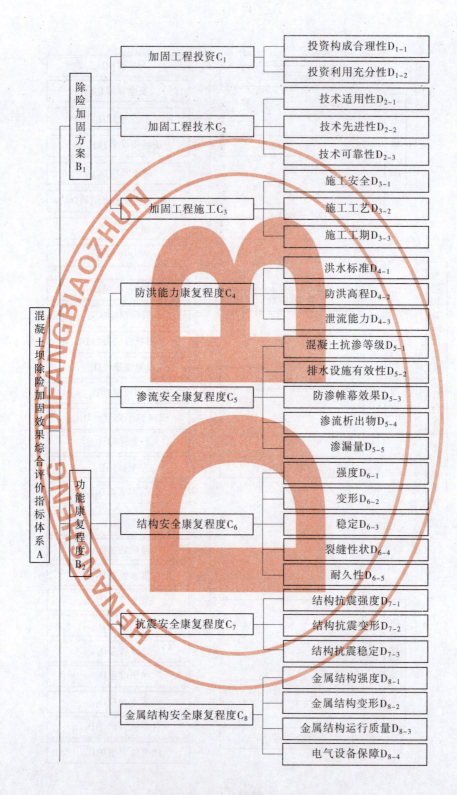

图 B.2 混凝土坝除险加固效果综合评价指标体系

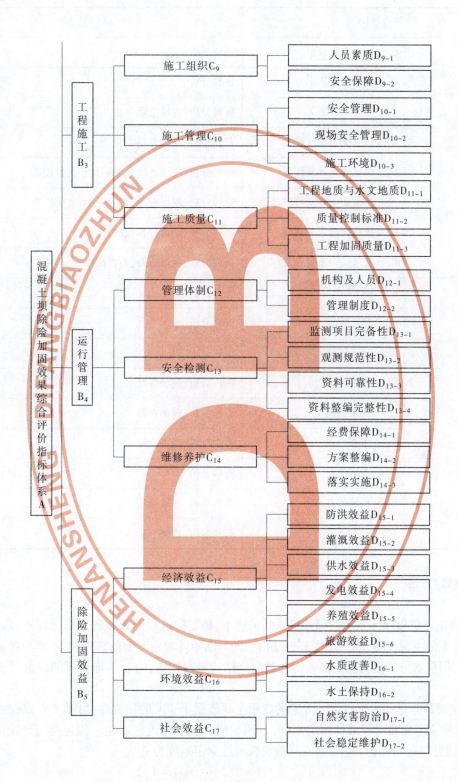

续图 B.2

B.1.3 评价指标确定方法见表 B.1。

表 B.1 除险加固效果评价指标确定方法

评价指标		确定方法
B_1 除险加固方案	C_1 加固工程投资	资料分析
	C_2 加固工程技术	资料分析
	C_3 加固工程施工	资料分析、现场查勘
B_2 功能康复程度	C_4 防洪能力康复程度	资料分析、现场查勘
	C_5 渗流安全康复程度	资料分析、现场查勘、试验分析、数值模拟
	C_6 结构安全康复程度	资料分析、现场查勘、试验分析、数值模拟
	C_7 抗震安全康复程度	资料分析、试验分析、数值模拟
	C_8 金属结构安全康复程度	资料分析、现场查勘、数值模拟
B_3 工程施工	C_9 施工组织	资料分析
	C_{10} 施工管理	资料分析
	C_{11} 施工质量	资料分析
B_4 运行管理	C_{12} 管理体制	资料分析、现场查勘
	C_{13} 安全监测	资料分析、现场查勘
	C_{14} 维修养护	资料分析、现场查勘
B_5 除险加固效益	C_{15} 经济效益	资料分析
	C_{16} 环境效益	资料分析、现场查勘
	C_{17} 社会效益	资料分析、现场查勘

B.2 权重确定方法

B.2.1 在确定评价指标体系和指标评价值的前提下,确定除险加固效果评价指标权重,具体方法为:首先确定专家的主观权重,利用层次分析法得到的判断矩阵确定专家的客观权重,然后计算其组合权重;同时,利用层次分析法得到的判断矩阵确定指标的主观权重,结合指标获得的评价值获得其动态权重。

B.2.2 确定评价指标的专家权重。专家的权重主要依据于专家的权威性,可基于专家权威性调查表(见表 B.2)建立专家相对权威性测定矩阵,采用模糊优选理论进行确定。假定参与评定的专家有 n 位,专家权威性判定指标为 m 个,则专家相对权威性测定矩阵为

$$Y = [y_{ij}]_{m \times n} \quad i = 1,2,\cdots,m; j = 1,2,\cdots,n \quad \text{(B.1)}$$

式中 y_{ij} ——第 j 位专家第 i 个判定指标的评分值。

表 B.2 专家权威性调查表

专家权威性测定指标		指标评价值(0~100)
硬指标	资历	学历	
		职称	
		行政职务	
	学术成果	论文	
		科研成果	
		获奖情况	
软指标	实践经验		
	专业熟练程度		
	职业道德		

注： 各指标所涉及的数据，可视具体情况由组织鉴定部门根据专家本人的情况确定或由专家自己填写。

B.2.3 确定评价指标的权重：

a) 指标静态权重。基于各指标的相对重要性，采用层次分析法确定该层次下 n 个指标相应的静态权重。指标的相对重要性用判断矩阵 A 来表示。假定该层次下有 n 个指标，专家依照 1~9 标度法确定这 n 个指标的重要性值，即 $O=\{o_1,o_2,\cdots,o_n\}$，A_i 表示第 i 个指标的重要性值。由两两指标之间比较的结果构成一个判断矩阵 A，即

$$A = \begin{pmatrix} a_{11} & a_{12} & \cdots & a_{1n} \\ a_{21} & a_{22} & \cdots & a_{2n} \\ \vdots & \vdots & & \vdots \\ a_{n1} & a_{n2} & \cdots & a_{nn} \end{pmatrix} \tag{B.2}$$

式中，$a_{ij}=\dfrac{o_i}{o_j}$。

b) 指标动态权重。随指标评价值的降低，其影响程度逐渐变大，其权重也相应增加。基于该层次下 n 个指标的静态权重 $\omega=(\omega_1,\omega_2,\cdots,\omega_n)$ 和评价值 $X=(x_1,x_2,\cdots,x_n)$，考虑指标评价等级中部分成功与不成功所对应的评价值界限为 0.7 分，以 0.7 为基准计算指标动态权重，计算方法为

$$\omega_i' = \frac{\left(\dfrac{x_i}{0.7\omega_i}\right)^{-1}}{\sum\limits_{i=1}^{n}\left(\dfrac{x_i}{0.7\omega_i}\right)^{-1}} \tag{B.3}$$

B.3 综合评价方法及等级划分

B.3.1 在分类评价与分级评价的基础上，进行除险加固效果的综合评价，具体方法见图 B.3。

B.3.2 除险加固效果综合评价包括单项指标评价值确定与归一化、权重确定、指数体系各层合并、效果等级划分及计算等程序及方法等步骤。其中：

a) 单项指标评价值确定与归一化。单项指标评价值的确定应按相关规范。为了对不同的具体指标进行比较，需要对各项指标评价值进行归一化处理。目前常用的指标评价值归一化方法如下：

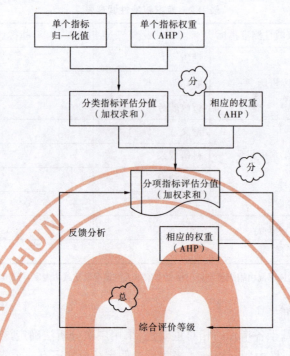

图 B.3 除险加固效果综合评价路线及方法

对于越大越有利的指标,

$$x'_{ij} = \frac{x_{ij} - \min\{x_{ij}\}}{\max\{x_{ij}\} - \min\{x_{ij}\}} \quad (B.4)$$

对于越小越有利的指标,

$$x'_{ij} = \frac{\max\{x_{ij}\} - x_{ij}}{\max\{x_{ij}\} - \min\{x_{ij}\}} \quad (B.5)$$

式中 x'_{ij} ——归一化后指标数据;
　　　x_{ij} ——原始指标数据。

b) 权重确定。权重分为指标权重和专家权重,其确定方法见附录 B。
c) 指数体系各层合并。指数体系各层合并是通过下层各单项指标评价值的归一化数值与指标相应的权重,进行对应的上层指标评价值计算。评价值计算一般采用加权求和方法。
d) 除险加固效果综合评价等级,划分为完全成功、基本成功、部分成功、不成功和失败五级,具体内容见表 B.3。

表 B.3 除险加固效果等级划分

效果等级	评价值	含义
A.完全成功	[0.9~1.0]	除险加固的目标都已全面实现或超过,项目取得了巨大的效益
B.基本成功	[0.8~0.9)	除险加固后,主要病险已消除,主要目标已实现,基本达到了预期的效益
C.部分成功	[0.7~0.8)	除险加固后,主要病险已基本消除,仅实现了部分目标,只取得了一定的效益
D.不成功	[0.6~0.7)	除险加固实现的目标非常有限,渗流和结构病险未有效消除,项目基本没有产生效益
E.失败	[0~0.6)	除险加固目标未实现,防洪、渗流和结构安全仍存在重大隐患,项目完全没有效益

附 录 C
（规范性附录）
后评价报告编制要求

C.1 后评价报告的编制要求

C.1.1 除险加固项目后评价报告是现状调查、过程评价、经济效益评价、社会与环境效益评价、项目可持续性评价、综合评价工作最终成果的体现，是项目实施阶段性或全过程的经验教训汇总，同时又是反馈评价信息的主要文件形式。

C.1.2 后评价报告的撰写要真实反映情况，客观分析问题，认真总结经验。报告的文字要求准确、清晰、简练。评价结论要与未来的规划和政策的制定相联系。为了提高信息反馈速度和反馈效果，让项目的经验教训在更大的范围内起作用，还应编写报告摘要。

C.1.3 后评价报告是反馈经验教训的主要文件形式，为满足信息反馈的需要，报告的编写需要有相对固定的内容格式。后评价报告应当包括项目概况、评价内容、主要问题、原因分析、经验教训、结论和建议等内容。

C.2 除险加固后评价报告的格式及内容

C.2.1 封面

封面标明"×××水库除险加固项目后评价报告"，编制单位和编制时间。

C.2.2 编制单位资质和相关人员名单

C.2.2.1 后评价报告编制单位资质证书。
C.2.2.2 参加项目后评价人员名单和专家组人员名单。

C.2.3 报告摘要

C.2.3.1 项目概况。概述除险加固项目法人、项目性质、建设地点、除险加固内容、除险加固目标、实施效果、资金来源、项目总投资等内容。
C.2.3.2 项目主要评价结论及综合评价等级。
C.2.3.3 经验教训和建议。

C.2.4 报告正文

C.2.4.1 项目概况

C.2.4.1.1 项目概况简述。概述除险加固项目建设地点、项目法人、项目特点，以及项目开工和竣工时间。
C.2.4.1.2 项目决策要点。除险加固前的安全鉴定结论，三类坝核查意见，除险加固项目批复意见。

C.2.4.1.3 除险加固主要内容。除险加固初步设计的主要内容,批复的除险加固内容,实际完成的除险加固内容。

C.2.4.1.4 项目实施进度。项目周期各个阶段的起止时间,时间进度表,各单元、分部、单位工程建设工期。

C.2.4.1.5 项目总投资。除险加固项目批复投资、除险加固初步设计批复概算及调整概算、竣工决算投资和实际完成投资情况。

C.2.4.1.6 项目资金来源及到位情况。包括政府投资划拨资金的计划和实际到位情况、其他渠道资金到位情况。

C.2.4.1.7 项目运行及效益现状。项目运行现状、功能康复程度、项目财务经济效益情况等。

C.2.4.2 项目过程评价

C.2.4.2.1 项目前期决策阶段评价。对项目前期决策阶段的主要内容进行回顾与总结,包括安全鉴定报告和三类坝核查结论。

C.2.4.2.2 项目准备阶段评价。对项目准备阶段的主要内容进行回顾与总结,包括项目勘察,项目初步设计报告的编制、审查和批复,项目招投标,资金来源,开工准备等,结合评价要点进行分析与评价。

C.2.4.2.3 项目建设实施阶段评价。对项目建设实施阶段的主要内容进行回顾与总结,包括除险加固工程建设管理、合同管理、项目控制、资金到位和使用、设计变更、工程监理、蓄水鉴定、竣工验收等,结合评价要点进行分析与评价。

C.2.4.2.4 项目初期运行阶段回顾与总结。对除险加固后运行阶段的主要内容进行回顾与总结,包括技术水平、运行能力、经济效益、运行管理、环境效益、社会效益等。

C.2.4.3 项目效果评价

C.2.4.3.1 技术评价。包括主要施工技术方案、施工工艺及设备选择等的合理性;除险加固后防洪、灌溉、发电、供水、养殖和旅游、水土保持、水资源保护等能力指标;新技术、新工艺的应用效果等。

C.2.4.3.2 经济评价。主要内容有国民经济评价及效益分析中的效益分析和国民经济评价。

C.2.4.3.3 运行管理评价。包括水库运行期间的组织机构、管理体制、规章制度及维修养护经费落实等方面的情况;工程项目档案及运行资料的完整性和准确性;水库管理单位的人力资源状况、职工培训人数百分比等。

C.2.4.3.4 环境影响评价。包括项目环境影响评价文件中确定的环境保护措施落实情况、处理措施是否达到预期效果、项目施工对环境所造成的实际影响、对水资源综合利用及对生态环境的影响等。

C.2.4.3.5 社会评价。包括项目的社会效益和社会影响效果评价,社会效益包括除险加固项目对流域和区域防洪、除涝、灌溉、供水、水土保持、水资源保护及对区域经济发展的贡献,对当地居民生活质量改善目标的实现程度。社会影响效果包括项目引起的征地拆迁,公众对项目的参与度及对项目成效的满意度等。

C.2.4.4 项目可持续性评价

C.2.4.4.1 项目目标评价。包括对除险加固项目的工程目标、经济目标、社会和环境目标实现程度的分析评价。

C.2.4.4.2 功能康复程度评价。包括对除险加固后水库防洪能力,建筑物渗流安全、结构安全、抗震安全、金属结构安全等方面的分析评价。

C.2.4.4.3 运行管理评价。包括管理体制、安全监测、维修养护等方面评价,并对除险加固项目后评价时点之后的可持续发展能力进行预测评价。可从影响项目运行的内部因素和外部条件两个方面进行分析评价。

C.2.4.5 项目综合评价结论

C.2.4.5.1 项目效果及成功度评价。
C.2.4.5.2 主要结论。
C.2.4.5.3 主要经验教训。

C.2.4.6 对策与建议

从项目、管理单位、水利行业等多个层面,提出可供借鉴、可操作并具有指导意义的对策与建议。

C.2.4.7 附件

C.2.4.7.1 有关委托、指标、评审、批复等主要文件的复印件。
C.2.4.7.2 专题报告。

图书在版编目(CIP)数据

病险水库除险加固项目后评价规程/河南省水利厅主编. —郑州:黄河水利出版社,2017.9
ISBN 978-7-5509-1866-5

Ⅰ.①病… Ⅱ.①河… Ⅲ.①病险水库-加固-技术规范 Ⅳ.①TV697.3-65

中国版本图书馆 CIP 数据核字(2017)第 245311 号

出 版 社:黄河水利出版社
　　　　地址:河南省郑州市顺河路黄委会综合楼 14 层　　邮政编码:450003
发行单位:黄河水利出版社
　　　　发行部电话:0371-66026940、66020550、66028024、66022620(传真)
　　　　E-mail:hhslcbs@126.com
承印单位:河南承创印务有限公司
开本:890 mm×1 240 mm　1/16
印张:1.75
字数:54 千字　　　　　　　　　　　　印数:1—1 000
版次:2017 年 9 月第 1 版　　　　　　　印次:2007 年 9 月第 1 次印刷

定价:30.00 元

组稿编辑 常红昕
责任编辑 席红兵
责任校对 郑翠红
责任监制 常红昕

版权所有 侵权必究

定价：30.00元